# BEI GRIN MACHT SICH IHR WISSEN BEZAHLT

- Wir veröffentlichen Ihre Hausarbeit, Bachelor- und Masterarbeit

- Ihr eigenes eBook und Buch - weltweit in allen wichtigen Shops

- Verdienen Sie an jedem Verkauf

**Jetzt bei www.GRIN.com hochladen und kostenlos publizieren**

# Alternativer Fahrzeugantrieb mit erheblich reduzierten Emmissionswerten basierend auf kaltverflüssigter Luft

Tivadar Menyhart

**Bibliografische Information der Deutschen Nationalbibliothek:**

Die Deutsche Nationalbibliothek verzeichnet diese Publikation in der Deutschen Nationalbibliografie; detaillierte bibliografische Daten sind im Internet über http://dnb.d-nb.de abrufbar.

ISBN: 9783346169327
Dieses Buch ist auch als E-Book erhältlich.

© GRIN Publishing GmbH
Nymphenburger Straße 86
80636 München

Alle Rechte vorbehalten

Druck und Bindung: Books on Demand GmbH, Norderstedt Germany
Gedruckt auf säurefreiem Papier aus verantwortungsvollen Quellen

Das vorliegende Werk wurde sorgfältig erarbeitet. Dennoch übernehmen Autoren und Verlag für die Richtigkeit von Angaben, Hinweisen, Links und Ratschlägen sowie eventuelle Druckfehler keine Haftung.

Das Buch bei GRIN: https://www.grin.com/document/537323

# Alternativer Fahrzeugantrieb mit erheblich reduzierten Emmissionswerten basierend auf kaltverflüssigter Luft

Autor: Dipl.-Ing. (FH) Tivadar Menyhart

**Dieses Dokument beschreibt die Entwicklungs- und Berechnungsergebnisse einer effizienzgesteigerten Verbrennungskraftmaschine (im Folgenden BlueXTurb genannt) mit sehr niedrigen Emissions- und Verbrauchswerten, die als alternatives Fahrzeugantriebsverfahren dienen kann**. Der konventionelle *Joule-Brayton-Zyklus* wird durch die drastische Senkung der Verdichteraustrittstemperatur und der Anhebung des Turbineneintrittsdrucks stark verbessert. Der thermodynamische Wirkungsgrad der Maschine wird gesteigert, indem das Gesamtdruckverhältnis auf über 500:1 angehoben wird. Ermöglicht wird das, durch die Zuführung des Oxidators in kaltflüssiger Form (etwa -190 °C), mit größtmöglicher Dichte und geringster Kompressibilität. Die größten Vorteile für ein Kraftfahrzeug verspricht das *turboelektrische Antriebskonzept*, also eine Turbine, welche unmittelbar einen (Hochfrequenz-) Generator antreibt und so im optimalen Betriebspunkt gehalten werden kann. Somit wird elektrischer Strom in gewandelter Form zur Verfügung gestellt – falls nötig mit Zwischenspeicherung. Das Gewicht des Energieträgers – kaltverflüssigte Luft und eine geringe Menge flüssiger, oder gasförmiger Brennstoff – inkl. Behältnis kann, verglichen mit der Traktionsbatterie eines E-Autos gleicher Reichweite, mindestens auf die Hälfte reduziert werden. Als Brennstoff kann Benzin, Erdgas, Ethanol, Wasserstoff, E-Fuels, oder ein Gasgemisch wie Hythan dienen. Gegenüber einem modernen konventionellen Ottoantrieb kann der CO2-Ausstoß eines PKW mit Benzin-BlueXTurb-Antrieb unter realistischen Bedingungen um etwa 60-70% reduziert werden. Eine H2-BlueXTurb ermöglicht einen kostengünstigen und kompakten CO2-freien Antrieb. Das Antriebskonzept ist in der Lage die CO2 Emissionsgrenzen, sowohl als PKW-Antrieb, als auch als LKW-Antrieb bis 2030 zu erfüllen.**

** DE-Patent wurde am 26.02.2020 erteilt, PCT-Verfahren ist in Bearbeitung (Stand März 2020)

**Nomenklatur**

| | |
|---|---|
| *BEV*.................................. | Battery Electric Vehicle |
| *BlueXTurb*........................ | Expansionsturbine mit Läufer, ohne Verdichter, betrieben mit einem (kalt-)flüssigen Oxidator und einem Druckverhältnis von mindestens Π = 500 |
| *Dewar*.............................. | vakuumisoliertes Gefäß mit thermischer Isolierung |
| *kaltverflüssigt*.................. | Gase, deren Siedetemperatur weit unter der Umgebungstemperatur liegt. Flüssige Luft z. B. hat eine Siedetemperatur von ca. -190 °C. |
| *LAIR*................................ | liquid air |
| *LOX*................................. | liquid oxygen |
| *Oxidator*........................... | Alle chemische Verbindungen, oder Gemische, die andere Stoffe oxidieren können, also in der Lage sind Sauerstoffatome abzugeben. |
| *turboelektrischer Antrieb*..... | Antriebseinheit aus BlueXTurb, elektrischen Generator und elektrischen Antriebsmotor |

**Symbole**

| | | |
|---|---|---|
| $Hu$ | = | Heizwert [MJ/kg] |
| $L_{St}$ | = | stöchiometrischer Luftbedarf [-] |
| $m$ | = | Masse [kg] |
| $p$ | = | Druck [Pa] |
| $p\ end$ | = | Enddruck nach Kompressor [Pa] |
| $p\ saug$ | = | Ansaugdruck [Pa] |
| $Q$ | = | Wärmemenge [kJ] |
| $Qab$ | = | abgeführte Wärme [kJ] |
| $Qzu$ | = | zugeführte Wärme [kJ] |
| $V$ | = | Volumen [cm³] |
| $Vh$ | = | Hubvolumen [cm³] |
| $Vk$ | = | Kompressionsvolumen [cm³] |
| $W$ | = | Arbeit [kJ] |
| $Wnutz$ | = | Nutzarbeit [kJ] |
| $wt$ | = | spezifische technische Arbeit [kJ/kg] |
| $\varepsilon$ | = | Verdichtungsverhältnis [-] |
| $\kappa$ | = | Isentropenexponent [-] |
| $\eta$ | = | Wirkungsgrad [-] |
| $\lambda$ | = | Verbrennungsluftverhältnis [-] |
| $\eta_{Br}$ | = | Brennkammerwirkungsgrad [-] |
| $\eta_{E}$ | = | Einspritzpumpenwirkungsgrad [-] |
| $\eta_{T}$ | = | Turbinenwirkungsgrad [-] |
| $\Pi$ | = | Druckverhältnis [-] |

# 1. Stand des Wissens / Problemstellung

Gesetzgebung gibt immer höhere Umweltauflagen bezüglich der Abgaswerte von Fahrzeugen vor. Die EU plant die CO2-Emissionsgrenze für PKW bis 2030 um 37,5% zu senken, im Nutzfahrzeugbereich sind 30% anvisiert [01]. Herkömmliche Verbrennungskraftmaschinen werden diese Anforderungen in naher Zukunft nicht mehr erfüllen können.

Alternativantriebe stehen trotz ihrer niedrigen CO2-Emissionen tief in der Kritik der Öffentlichkeit. Die Brennstoffzelle u. a. ist durch den benötigten Platin-Katalysator (etwa 30-40 g pro Fahrzeug) sehr kostenintensiv. Der Platin-Preis wird wahrscheinlich durch höhere Nachfrage weiter steigen [02]. Der erreichbare Wirkungsgrad einer mobilen Einheit wird auf maximal 60% beziffert. Der benötigte Wasserstoff kann nur unter hohem Energieaufwand künstlich hergestellt werden und wird in teuren Hochdruckbehältern gespeichert – typischerweise in CFK-Behältern mit einigen Zentimetern Wandstärke, die heute nur im aufwändigen, sehr teuren Wickelverfahren hergestellt werden können. Typischerweise wird Wasserstoffgas in einem Typ IV Tank unter 700 bar Druck gespeichert. Landesabhängige Sicherheitsvorschriften erfordern hier einen Berstdruck von 1200-1575 bar [03]. Ein H2-Drucktank beansprucht viel Bauraum, bedingt durch die extrem geringe volumetrische Energiedichte des Wasserstoffs. In einem 150 L großen Tank kann lediglich etwa 5,6 kg Wasserstoff unter 700 bar Druck gespeichert werden, was bei einem Verbrauch von 1 kg H2/100km ca. 550 km Reichweite abdeckt. Im Durchschnitt liegt der Neupreis eines H2-Brennstoffzellenautos etwa doppelt so hoch, wie der Neupreis eines Benziners [04], [05], [06].

Die Elektromobilität wird seit einigen Jahren als Zukunftstechnologie favorisiert, konnte sich dennoch trotz staatlicher Förderung nicht flächendeckend durchsetzen. Lange Ladezeiten, fehlende Infrastruktur, kurze Reichweiten, insbesondere bei niedrigen Außentemperaturen, sind nur im Alltagsbetrieb störend. Wärmeverluste durch Schnellladung, die den Gesamtwirkungsgrad Well-to-Wheel dezimieren, oder die Selbstentladung im Stand werden in die Gesamtwirkungsgradbetrachtung oft nicht einbezogen. Schwer wiegt die Umweltbelastung durch die Verwendung von Schwermetallen, seltenen Erden und Lösungsmitteln in großen Mengen. Ernste Probleme der Akkumulatortechnik bereiten der Abbau der Rohstoffe in oft weniger entwickelten Ländern unter prekären Umständen, der erhöhte Energieaufwand bei der Herstellung, die Entsorgung nach Verschleiß, der schon nach 4-5 Jahren erreicht sein kann [07]. Insgesamt wiegt ein komplettes Akkupaket für einen PKW einige hundert Kilogramm. Ein elektrisch angetriebener, voll beladener Sattelzug würde mindestens acht Tonnen Akkus benötigen, die in einem Schnellladezyklus mindestens ein Megawatt elektrischer Ladeleistung bräuchten. Für solche Ladeleistungen auf breiter Ebene müsste das Stromnetz erst ausgebaut und auch mit Energie versorgt werden. Der große technische Durchbruch in der Akkumulatortechnik wird seit Jahren hoffnungsvoll erwartet. [08]

Der thermische Wirkungsgrad von Verbrennungskraftmaschinen wird maßgeblich durch das Verdichtungs-, bzw. Druckverhältnis bestimmt. Je größer das Druckverhältnis ist, umso höher ist auch der thermische Wirkungsgrad (siehe **Bild 1**). Das trifft z. B. auf den Diesel-Prozess, den Otto-Prozess, den Seiliger-Prozess, den Brayton-Prozess und den Joule-Prozess zu. Daher wird in allen genannten thermodynamischen Kreisprozessen ein höheres Verdichtungs-, oder Druckverhältnis angestrebt. Im Folgenden wird dargestellt, wie das Triebwerksdruckverhältnis in einem erweiterten Joule-Brayton-Kreisprozess – basierend auf Flüssigluft – in einer Expansionsturbine angehoben werden kann.

Verdichtungs-, Expansions-, bzw. Druckverhältnis sind in der Praxis technisch aneinander gekoppelt und können nicht ohne Weiteres voneinander getrennt werden. Eine höhere Verdichtung verursacht eine höhere Verdichteraustrittstemperatur, was wiederum zu einer höheren Verbrennungstemperatur führt. Diese wird jedoch durch die thermische Festigkeit der Maschine begrenzt und kann nicht beliebig hoch gewählt werden. In Hubkolbenmotoren wird das Verdichtungs-/ Expansionsverhältnis zudem durch die Klopfgrenze des eingesetzten Kraftstoffs begrenzt. Bei der Entwicklung von neuen Maschinengenerationen wird im Sinne eines höheren Wirkungsgrades stets eine Anhebung des Druckverhältnisses angestrebt, was massiven technischen Aufwand bedeutet [09]. Als Konsequenz müssen die Konstruktionen in der Lage sein höhere Temperaturen und Drücke dauerhaft zu überstehen, was nicht ohne Weiteres umsetzbar ist. Die Interessen des Thermodynamikers und des Konstrukteurs sind diametral entgegengesetzt [10], [11].

$$\varepsilon = 1 + Vh / Vk \qquad \text{Gl. 1}$$

$$\Pi = p\ end / p\ saug \qquad \text{Gl. 2}$$

$$\Pi = \varepsilon \wedge \kappa \qquad \text{Gl. 3}$$

$$\eta_{Joule} = 1\text{-}(1/\Pi)\wedge(\kappa\text{-}1)/\kappa \qquad \text{Gl. 4}$$

**Tabelle 1 – Auflistung erreichbarer Druckverhältnisse und Wirkungsgrade im Bestpunkt; *Ottomotor nach dem Atkinson Prinzip arbeitend; **Gasturbine statisch auf Meeresspiegelhöhe im Dauerbetrieb**

| | Ottomotor* | Dieselmotor PKW | Gasturbine** |
|---|---|---|---|
| max. Druckverhältnis $\Pi$ | (umgerechnet ca. 34:1) | (umgerechnet ca. 60:1) | 33:1 |
| max. Verdichtungsverhältnis $\varepsilon$ | 17:1 | 23:1 | (umgerechnet ca. 15:1) |
| max. Wirkungsgrad $\eta$ | 38% | 42% | 42% |

## 2. Thermodynamische Grundlagen

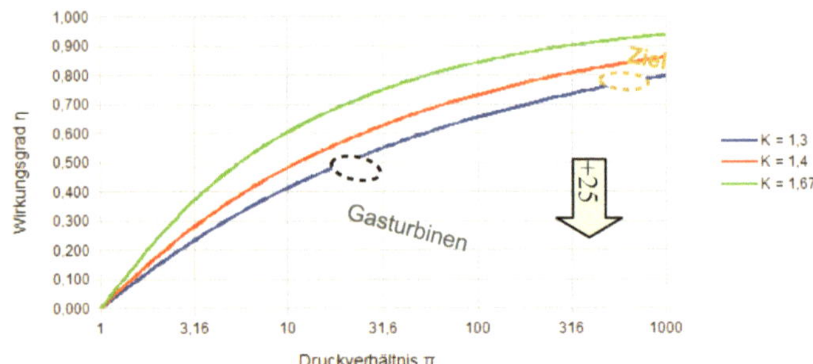


**Bild 1 – Zusammenhang zwischen Druckverhältnis und theoretischem Wirkungsgrad beim Joule-Prozess – aus Gl. 4**

Gesucht war ein Kreisprozess mit einem möglichst großen Druckverhältnis, einer minimalen Kompressionsarbeit, und einer niedrigen Verdichteraustrittstemperatur (**Punkt 2**), sowie einer möglichst niedrigen Abgastemperatur (**Punkt 4**). Als Basis dient der Joule/Brayton-Prozess. Die durch den Prozess eingeschlossene Fläche (**1-2-3-4-1**) muss möglichst groß sein und sich möglichst nahe der 0K-Linie befinden, dann ist auch der ideale thermische Wirkungsgrad maximal.

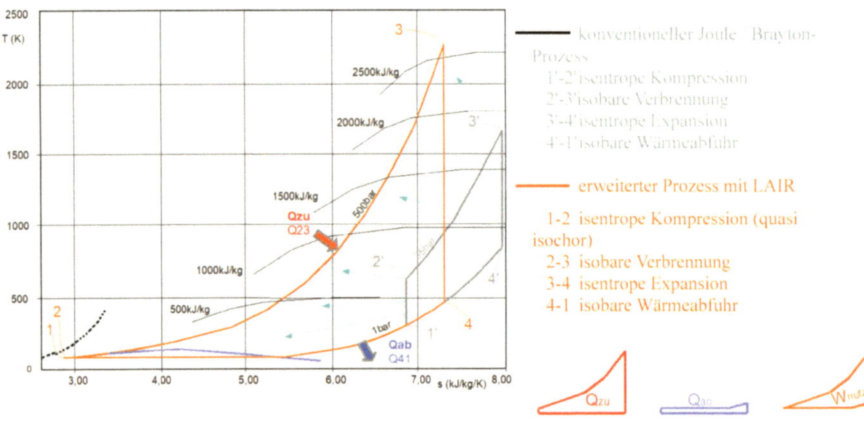


**Bild 2 – konventioneller Joule-Brayton-Prozess und erweiterter Prozess mit LAIR im T-S-Diagramm, reversible Zustandsänderungen**

Aus **Bild 2** kann man entnehmen, dass die Nutzarbeit (Fläche **Wnutz** innerhalb **1-2-3-4-1**) im Verhältnis zur Abgeführten Wärmemenge / Anergie (Fläche Qab) sehr groß ist. Der ideale (reversible) thermische Wirkungsgrad beträgt ca. 80% (nach Gl. 7). Die spezifische Nutzarbeit ist in etwa 4-mal so groß, wie in einem vergleichbaren Joule/Brayton-Prozess. Derselbe Massendurchsatz ergibt also vier mal so viel Nutzarbeit. Das deutet zusammengenommen mit dem sehr hohen Dichteniveau darauf hin, dass eine Maschine, die im vorgestellten Kreisprozess betrieben wird, eine viel höhere volumetrische Leistungsdichte und Massenleistungsdichte erreicht, als eine moderne Gasturbine.

**Erläuterung der Zustandsänderungen (reversibel):**

**1 – 2 Isentrope Kompression**

Der Druck des kaltflüssigen Oxidators wird durch eine Flüssigkeitspumpe von $p_1$=1 bar auf $p_2$=500 bar gebracht

Die Temperatur wird dabei von $T_1$=80 K auf $T_2$=91 K erhöht

Zufuhr der spezifischen Verdichterarbeit $w_{t12}$=60 kJ/kg

Die spezifische Entropie bleibt konstant

Das spezifische Volumen sinkt von $V_1$=1,15 x $10^{-3}$ $m^3$/kg auf $V_2$= 1,08 x $10^{-3}$ $m^3$/kg

**2 – 3 Isobare Verbrennung**

Die Verbrennung findet stetig in einer Flammzone statt

Keine Druckänderung

Die Temperatur steigt von $T_2$=91K auf $T_3$=2250 K

Zufuhr der Wärmemenge $q_{23}$=2750 kJ/kg

Die spezifische Entropie erhöht sich von $s_2$=2,8 kJ/kg/K auf $s_3$=7,3 kJ/kg/K

Das spezifische Volumen steigt von $V_2$ = 1,08 x $10^{-3}$ $m^3$/kg auf $V_3$ = 1,35 x $10^{-2}$ $m^3$/kg

**3 – 4 Isentrope Expansion**

Expansion in einer Turbine

Der Druck entspannt sich von $p_3$=500 bar auf $p_4$ = 1bar

Die Temperatur sinkt dabei von $T_3$=2250 K auf $T_4$=466 K

Entzug der Turbinenarbeit $w_{t34}$= -2208 kJ/kg

Die spezifische Entropie bleibt konstant

Das spezifische Volumen steigt dabei von $V_3$=1,35 x $10^{-2}$ $m^3$/kg auf $V_4$= 1,38 $m^3$/kg

**4 – 1 Isobare Wärmeabfuhr**

Das Gas wird in die Umgebung entlassen.

Entzug der spezifischen Wärme $q_{41}$= -608 kJ/kg

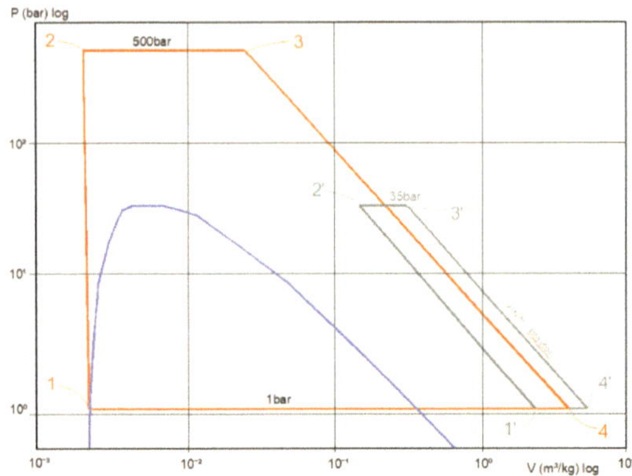


**Bild 3 - konventioneller Joule-Brayton-Prozess und erweiterter Prozess mit LAIR im P-V-Diagramm, reversible Zustandsänderungen**

Der Oxidator (vorzugsweise LAIR) wird im vorgestellten Kreisprozess ausschließlich im kaltverflüssigten Zustand zugeführt. Somit entfällt der Verdichtungstakt. Der flüssige Oxidator wird unterhalb seiner kritischen Temperatur – quasi isochor (also fast ohne Dichteänderung / keine Volumenänderungsarbeit) – auf den Einspritzdruck gebracht und in die Brennkammer gespritzt. Der Einspritzdruck muss unter Realbedingungen naturgemäß etwas höher liegen, als der Brennkammerdruck, um diesen zu überwinden. Die isentrope Druckerhöhung von kaltverflüssigter Luft von 1 auf 500 bar bewirkt eine Temperaturzunahme von ca. 11 Kelvin. Die Fluiddichte steigt dabei um etwa 7% an, da auch Flüssigkeiten unter Realbedingungen sehr geringfügig kompressibel sind.

Als Oxidator eignen sich alle Sauerstoffträger, die in kaltverflüssigtem Zustand oder im flüssigen Zustand bei Normdruck gespeichert werden können. Dazu gehört z. B. Flüssigsauerstoff (LOX), oder sauerstoffangereicherte, kaltverflüssigte Luft. Besonders gut eignet sich kaltverflüssigte Luft (LAIR) mit natürlichem Sauerstoff-, Stickstoff- und Argonanteilen, da sie nicht giftig ist und keine direkte Gefahr für die Umwelt darstellt, wenn sie kontrolliert entweicht. Zudem kann sie überall aus der Umgebungsluft gewonnen und kostengünstig produziert werden [12]. Kaltverflüssigte Luft kostet etwa 18,4€/t, bzw. 1,6ct/l in der Herstellung. Der Energieaufwand beträgt in etwa 1021 kJ/kg bzw. 247 Wh/l im Heylandt Verfahren [13], [14]. Konservativ geschätzt dürfte die Herstellung durchschnittlich ca. 300 Wh/L benötigen. Großanlagen, wie das Cantarell Field Plant in Mexiko, das täglich mehrere 10.000 Tonnen Flüssigstickstoff erzeugt, könnten wahrscheinlich unter einem noch geringeren Energieeinsatz betrieben werden. Im Vergleich dazu beträgt der Energieinhalt von Benzin ca. 9 kWh/L, oder 32 MJ/L. Somit entspricht der Energieaufwand für die Herstellung von einem Liter kaltverflüssigter Luft einem Benzinäquivalent von ca. 33 ml.

Einen wesentlichen Vorteil der Verwendung von Flüssigluft statt Flüssigsauerstoff stellt der größere Massendurchsatz dar, wenn eine Turbine verwendet wird (Gl. 5). Höherer Massendurchsatz ergibt mehr Nutzenergie. 1 kg Benzin benötigt in etwa 14,7 kg (Flüssig)Luft für die stöchiometrische Verbrennung. Bei der Verbrennung von Benzin mit reinem Sauerstoff (O2) ist das Verhältnis in etwa 1kg Benzin zu 3,5 kg Sauerstoff. Atemluft besteht zu 78 Vol.-% aus Stickstoff, der bei der Verbrennung eine weit untergeordnete / im Idealfall gar keine Rolle spielt. Der reaktionsträge Stickstoff wird bei der Verbrennung miterhitzt, wechselt den Aggregatszustand von 'flüssig' zu 'überkritisch gasförmig' und leistet dadurch eine enorme Volumenänderungsarbeit, die zur Temperatursteigerung proportional ist. Im Sinne einer möglichst hohen

Energiedichte und damit möglichst großen Reichweite im Fahrzeug, muss die Flüssigluft vor Einleitung in die Expansionseinheit eine möglichst hohe Temperatur erreichen und unter einem möglichst hohen Druckverhältnis entspannt werden.

$$\text{Wnutz} = wt_{34} \times m - wt_{12} \times m \qquad \text{Gl. 5}$$

$$\text{Qzu} = q_{Hu} \times m \qquad \text{Gl. 6}$$

$$\eta\ \text{nutz} = \text{Wnutz} / \text{Qzu} \qquad \text{Gl. 7}$$

$$q_{Brennkammer} = q_{Hu} \times \eta_{Br} = Hu \times \eta_{Br} / (\lambda \times L_{St}) \qquad \text{Gl. 8}$$

$$\eta\ \text{nutz real} = 1 - (q\ \text{Abgas} / q_{Brennkammer}) \qquad \text{Gl. 9}$$

oder: $$\eta\ \text{nutz real} = (\Delta h\ \text{Turbine} - \Delta h\ \text{Einspritzpumpe}) / q_{Hu} \qquad \text{Gl. 10}$$

oder: $$\eta\ \text{nutz real} = (wt_{34} \times \eta_T - wt_{12} / \eta_E) / (q_{Hu} \times \eta_{Br}) \qquad \text{Gl. 11}$$

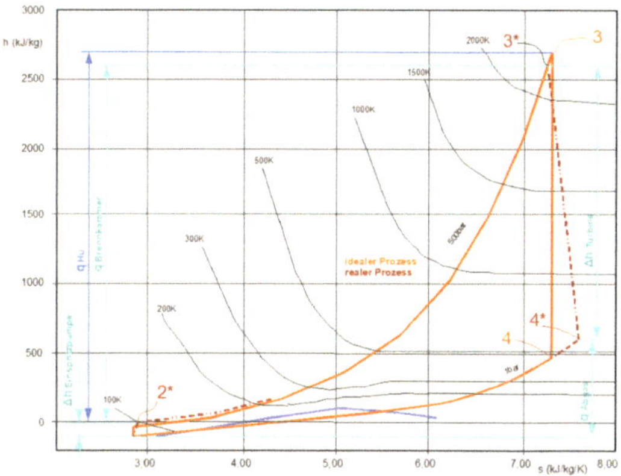


**Bild 4 – erweiterter LAIR Kreisprozesses im h-s-Diagramm, ideal und real (irreversibel)**

Aus **Bild 4** kann man entnehmen, dass Δh Einspritzpumpe (real) ca. 70 kJ/kg und Δh Turbine (real) ca. 2000 kJ/kg beträgt. Hierbei sind Brennkammerverluste bereits mit berücksichtigt. Somit wird lediglich etwa 3,5% der Turbinenleistung für den Antrieb der Einspritzpumpe benötigt. In einer klassischen Gasturbine kann der Verdichter über 50% der Turbinenleistung benötigen. Verglichen mit den klassischen Kreisprozessen (Otto ca. 1300 K, Diesel ca. 1050 K, jeweils unter Vollast) ist die reale Abgastemperatur um einige hundert Kelvin (**Punkt 4*,** ca. 600 K) niedriger.

# 3. Konzept der thermischen Maschine

Überschall-Impulsturbinen können sehr große Druckverhältnisse in einer Turbinenstufe verarbeiten. Dieser Turbinentyp ist sehr kompakt, hat eine kleine Anzahl bewegter Teile, die Reibungsverluste sind gering und es gibt keine Pulsationsverluste, wie in einem Hubkolbenmotor. Daher fiel die Auswahl auf diesen Turbinentyp. Das enorm große Druckverhältnis wird durch Hintereinanderschaltung von mehreren Überschallturbinenstufen [15] erreicht oder aus einer Überschallstufe und einer oder mehreren Reaktionsstufen im Anschluss. Einstufige Überschallturbinen (Impulsturbine) werden heute z. B. im ORC-Zyklus als Turboexpander eingesetzt [16]. In der Vergangenheit wurden einzelne Turbinenstufen mit einem Druckverhältnis von bis zu $\Pi = 200$ ausgelegt [17]. Um ein solches Verhältnis mit hohem Wirkungsgrad zu erreichen, wird die Strömung vor Turbineneintritt in einer Lavaldüse auf das mehrfache der örtlichen Schallgeschwindigkeit beschleunigt. Das Gesamtdruckverhältnis ergibt sich aus dem Produkt der einzelnen Stufendruckverhältnisse. Der isentrope Turbinenwirkungsgrad $\eta$ T – unter Berücksichtigung von aerodynamischen Verlusten, Leckageverlusten, Reibung und Lagerreibung – kann bei entsprechender Auslegung 80% übersteigen [18], [19].

$$\Pi_{ges} = \Pi_1 \times \Pi_2 \times \Pi_3 \,.......\times\, \Pi_n \qquad \text{Gl. 12}$$

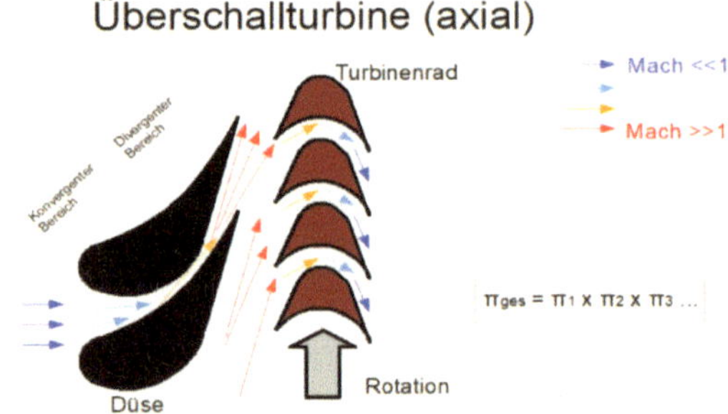


**Bild 5 – Turbinenstufe einer Axialen Überschallturbine: Stator – Rotor**

Weiterer Vorteil des erweiterten Joule-Brayton-Prozesses ist, dass hier im Gegensatz zu Hubkolbenmotoren (Diesel-, Ottoprozess) keine Ein- und Ausschiebeverluste durch den Gaswechsel entstehen. Insgesamt sind in solch einem Turbinensystem verhältnismäßig geringe Verluste zu erwarten, die sich aus Einspritzpumpenwirkungsgrad $\eta$ E, be-nötigte Antriebsenergie der Einspritzpumpe(n) $\Delta$h E, Brennkammerwirkungsgrad $\eta$ Br und Turbinenwirkungsgrad $\eta$ T ergeben (siehe Gl. 11).

Der Oxidator gibt seine gespeicherte Druckenergie zusammen mit dem Brennstoff erst nach Zündung in der Brennkammer frei. Die Änderung des Aggregatszustands von *flüssig* zu *gasförmig* geschieht erst in der Brennkammer. Wird der Oxidator bis zum Eintritt in die Brennkammer im flüssigen Aggregatszustand gehalten, also unterhalb der kritischen Temperatur, bleibt die Strömungsgeschwindigkeit in der Zuleitung niedrig – anders als in Systemen mit großflächigen Wärmetauschern, die erst Wärmeenergie z. B. aus der Umgebung aufnehmen. Dadurch bleiben Drossel- und Strömungsverluste niedrig. Die benötigte Einschiebearbeit beim Einspritzen in die Brennkammer ist durch das niedrige spezifische Volumen äußerst gering. Durch sehr kurze Zuleitungen zwischen Kryogenbehälter und Turbine können die negativen

Effekte der tiefkalten Temperaturen, wie Vereisung, Kondensation von Luft, Sauerstoffanreicherung minimal gehalten werden.

Je größer die erreichte Temperaturdifferenz ist, umso mehr Volumenänderungsenergie kann freigesetzt werden. Es wird eine enorme Menge an Volumenänderungsarbeit frei. Das Dichteverhältnis der Verbrennungsprodukte (Benzin + LAIR) vor und nach Verbrennung und Entspannung beträgt in etwa 1800:1. In einem stöchiometrisch betriebenen Ottomotor beträgt das Verhältnis lediglich 170:1. Zur Veranschaulichung: Kaltverflüssigte Luft würde in einem geschlossenen Behälter (Anfangsdruck 1 bar) bei einer isochoren Erhitzung von 80 K auf 2000 K eine Druckerhöhung auf ca. 10000bar erfahren. Der kontrollierte Druckabbau in einem Dewarbehälter ist daher unerlässlich.

Die stöchiometrische Verbrennungstemperatur beträgt je nach verwendetem Brennstoff etwa 2000-2400 K, wenn LAIR als Oxidator zur Verwendung kommt. Wird Sauerstoff (LOX) verwendet, liegen die Verbrennungstemperaturen auch über 3000 K. Der Brennstoff kann flüssig, oder gasförmig zugeführt werden. Gasförmige Brennstoffe benötigen bei der adiabaten Verdichtung allerdings mehr Verdichtungsenergie, als Flüssigkeiten, die nahezu inkompressibel sind. Da im Verhältnis zum Oxidator relativ wenig Brennstoff benötigt wird, sind die Verluste allerdings verhältnismäßig gering. Der Verbrennungsdruck liegt bei 500 bar, oder höher. Technisch gesehen wären 1000 bar Kammerdruck vorstellbar, wenn man sich etwa an modernen Common-Rail Einspritzsystemen orientiert, die heute bis zu 3000 bar erreichen [20]. Dort stellt Spitzenbelastung durch Pulsation eine höhere Belastung dar, als der statische Druck allein. Die Brennkammer einer 100-120 kW starken BlueXTurb ist lediglich einige Kubikzentimeter groß. Der angegebene hohe Verbrennungsdruck und die hohe Verbrennungstemperatur tritt nur in der Brennkammer und in der ersten Leitschaufel-, bzw. Düsenstufe der Turbine auf. Dahinter fällt sowohl die Temperatur, als auch der Druck sprunghaft ab. Die hohe Temperatur- und Druckbelastung stellt also nur in einem sehr kleinen Bereich der Maschine eine Herausforderung dar.

Die Brennkammer einer BlueXTurb ist der Brennkammer einer Flüssigkeitsrakete sehr ähnlich aufgebaut. Raketenbrennkammern erreichen Wirkungsgrade von 95%-99,5% [21]. Das liegt an der guten Verteilung, Durchmischung und Turbulenz der Verbrennungsgase. Die Einspritzplatte eines Raketenmotors besteht aus mehreren miteinander verbundenen gelochten Scheiben. Sie stellt gleichzeitig die Deckplatte der zylindrischen Brennkammer dar und spritzt auf deren gesamten Fläche über viele kleine Bohrungen Brennstoff und Oxidator großflächig ein.

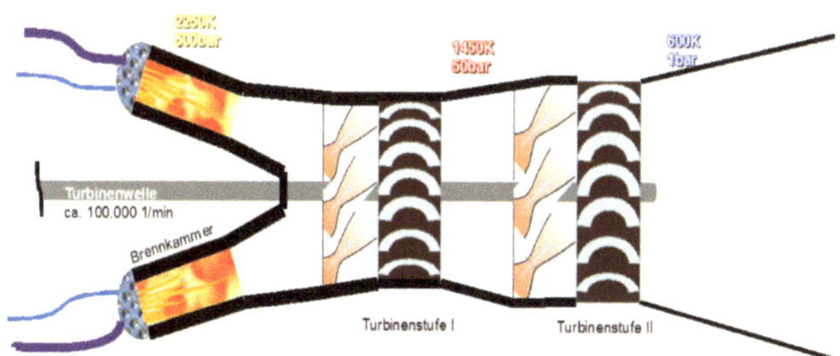


**Bild 6 – Schematischer Aufbau einer BlueXTurb mit zwei axialen Überschallturbinenstufen**

# 4. Problem der thermischen Belastung in der Turbine

Die beschriebene Turbineneintrittstemperatur von bis zu 2400 K ist nach heutigem Stand der Technik für eine Gastrubine um ca. 500 K zu hoch. Die eingesetzten Metallwerkstoffe vertragen dauerhaft keine so hohen Temperaturen. Üblich sind bis zu 1900 K in großen Gasturbinen mit Schleier-, oder Filmkühlung. Die hohe Verbrennungstemperatur wird aber auch als Chance angesehen die Verbrennung zu verbessern und dadurch die Abgasemissionen zu reduzieren. Die angestrebte flammlose Verbrennung ist erforscht und kann durch folgende Faktoren erreicht werden:

- Hohe Verbrennungstemperatur, über der Selbstentzündungstemperatur
- Starke Verwirbelung in der Brennkammer
- Hohe Abgasrezirkulationsrate durch eine spezielle Brennerform, dadurch Senkung der Sauerstoffkonzentration

Die Stickoxidbildung (NOX) etwa kann so gegenüber einer normalen Verbrennung um über 70% gesenkt werden. Die Verbrennung verläuft sauberer und vollständiger [22].

**Zur Senkung der Turbineneintrittstemperatur werden folgende vier mögliche Lösungsansätze vorgeschlagen:**

**Variante 1:** Die Turbine wird mit Oxidatorüberschuss betrieben. Vergleichbar mit der Schleier- oder Filmkühlung in einer Gastrubine, wird an den Brennkammerwänden, Turbinenstator und Rotor zusätzliche Luft zugeführt. Der Luftverbrauch gegenüber einer stöchiometrischen Verbrennung ist dementsprechend erhöht. Der thermodynamische Nachteil der geringeren Turbineneintrittstemperatur gleicht sich in etwa mit dem Vorteil des gesteigerten Massendurchsatzes aus. Der Brennstoffverbrauch und der CO2-Ausstoß verändert sich kaum. Der höhere Luftverbrauch muss allerdings durch einen größeren Flüssiglufttank für dieselbe Reichweite gedeckt werden. Die erhöhte Stickoxidbildung kann beispielsweise durch einen Niedertemperatur-SCR-Katalysator mit Harnstoffeinspritzung minimiert werden, welches bereits ab 200 °C aktiv wird [23].

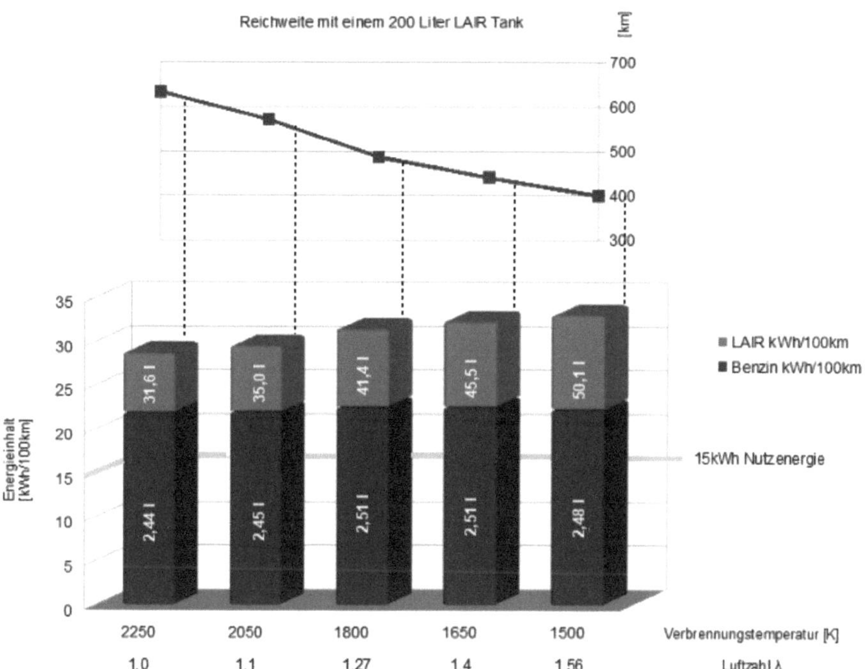


**Bild 7: Auswirkung der Luftzahl auf die Verbrennungstemperatur, den Benzinverbrauch, den Luftverbrauch und die Reichweite mit einem 200 Liter fassenden Flüssigluftbehälter - Basis ist ein 1,5t schwerer PKW mit 15kWh/100km Energiebedarf**

**Variante 2:** Zusätzliche Wassereinspritzung in die Turbine mit dem Ziel der Kühlung (ähnlich Variante 1). Das benötigte Wasser dafür kann frisch mitgeführt oder aus dem Abgas wiedergewonnen werden. Bei jeder Verbrennung entsteht ohnehin eine nicht unerhebliche Menge Wasser. Beispiel: Benzin-Luft im stöchiometrischen Verhältnis ergibt ca. 8% Wasserdampf im Abgas. Durch die prinzipbedingt niedrige Abgastemperatur kann kondensiertes Wasser aus dem Abgastrakt mit Hilfe von Wärmetauschern zurück gewonnen werden.

**Variante 3:** Die Turbine wird in Hochdruck- und Niederdruckbereich unterteilt. Nach der isentropen Entspannung im Hochdruckteil wird das Rauchgas an der Außenwand der Brennkammer vorbei geleitet oder in einen Wärmetauscher geleitet und dort zwischenerwärmt. Die Brennkammer kann auch so gestaltet sein, dass sie in den Bereich der zweiten Turbinenstufe hineinragt und dort Wärme abgibt. Der Wärmetauscher kann aus der Wärmekammer, oder dem Stator(en) gespeist werden. Das führt zu einer niedrigeren Turbineneintrittstemperatur vor der Hochdruckturbine und einer angehobenen Turbineneintrittstemperatur vor der Niederdruckturbine. Durch die Zwischenüberhitzung (vergleiche Clausius-Rankine-Prozess) sinkt der Gesamtwirkungsgrad nur geringfügig. Der Druckverlust im Wärmetauscher und die längeren Gaswege wirken sich allerdings negativ aus.

**Variante 4:** Bereits in Raketentriebwerken werden im Bereich des Düsenhalses bzw. als Hitzeschutzkacheln hoch temperaturfeste Kompositwerkstoffe mit sehr geringer Wärmedehnung eingesetzt. Für die Gasturbinenschaufeln der nächsten Generation könnte in den kommenden Jahren durch den Einsatz von ultrahoch temperaturfesten keramischen Matrixkompositen (UHTCMC) eine Dauerfestigkeit über 2000 °C erreicht werden [24]. Diese können an besonders hoch temperaturbelasteten Stellen eingesetzt werden, etwa den Brennkammerwänden und der ersten Turbinenstufe. Der Kostenfaktor ist gering, da die betroffenen Teile ungleich kleiner sind als in einer Gasturbine. Der Turbinenläufer einer 100-120 kW starken BlueXTurb wird auf wenige Zentimeter Durchmesser geschätzt. Der 3D-Druck solcher Werkstoffe für die Anwendung in Turbinen [25] ist in Erprobung. Die gestalterischen Freiheiten könnten für einen hohen aerodynamischen Wirkungsgrad zu einem heute noch ungeahnten Grad ausgereizt werden.

Eine Kombination aus mehreren Varianten ist denkbar und ist womöglich der beste Lösungsansatz.

# 5. Konzept Gesamtantrieb und Fahrzeugaufbau

Eine BlueXTurb lässt sich direkt an eine E-Maschine (z. B. einen Hochfrequenzgenerator) koppeln (**Bild 8**). Vergleiche 'Turboelektrischer Antrieb' in Lokomotiven und großen Schiffen. Der Generator – der in der Praxis durchgehend bis zu 99% Wirkungsgrad [26] erreicht – kann z. B. im Anlaufbetrieb in einen elektromotorischen Betriebszustand umgepolt werden und somit die Turbine bei Bedarf, z. B. für einen schnelleren Anlauf antreiben. Der so erzeugte elektrische Strom kann nach Spannungs- / Frequenzwandlung in einem kleinen Akkumulator oder in Kondensator(en) oder einer Kombination aus beiden zwischengespeichert werden, bevor der elektrische Strom an die Antriebsmaschine(n) geleitet wird. Durch diesen Aufbau ist Rekuperation von Bremsenergie möglich. Der Strom kann unmittelbar ohne Pufferung an den (die) elektrischen Antriebsmotor(en) geschickt werden. Spannungswandler, Leistungselektronik und Antriebsmotoren können aus einem BEV (also mit identischen Wirkungsgraden) übernommen werden. Die Turbine kann so, für einen möglichst hohen Wirkungsgrad, in einem oder mehreren optimierten Betriebspunkt(en) gehalten werden. Die Ansteuerung der Turbine, bzw. Regelung des Batterieladestandes übernimmt ein intelligentes Management, das im Idealfall Navigationsdaten in die Regelung mit einbezieht. Diese kann z. B. Mit Hilfe von topografischen Daten entscheiden, ob elektrische Energie benötigt wird oder ob Speicherkapazität für Bremsenergie bereit gehalten werden soll.

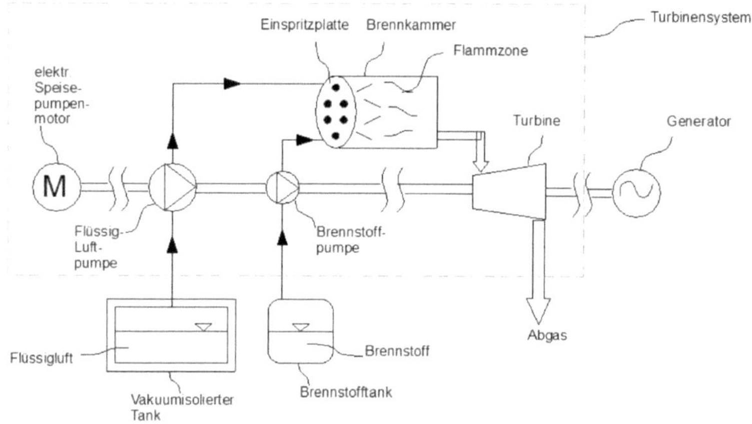


**Bild 8 – Schematischer Aufbau der Turbineneinheit und der Peripherie im Fahrzeug**

Frischgasvolumen und Turbinendrehzahl hängen nicht zusammen, wie bei der Einwellengasturbine. Die Fördermenge der Speisepumpe einer BlueXTurb kann unabhängig von der Turbinendrehzahl geregelt werden. Das ermöglicht eine sehr hohe Dynamik. Die Maschine benötigt erheblich weniger Zeit, um einen gewünschten Lastpunkt zu erreichen, als beispielsweise ein Abgasturbolader. Zudem kann der angekoppelte Generator im Anlaufvorgang unterstützend in den elektromotorischen Betrieb gepolt werden. Die BlueXTurb kann dadurch extrem schnell hochgefahren werden und stellt rasch die benötigte elektrische Energie bereit. Daher ist kein so großer Fahrzeugakku / Pufferbatterie nötig, wie z. B. in einem Range-Extender Betrieb. Der Akku muss nur wenige Sekunden lang überbrücken oder unterstützen können, wenn z. B. an einer Steigung beschleunigt wird. Er dient hauptsächlich als Speicher für Rekuperationsenergie im Bremsbetrieb, wofür eine Einheit mit 1 kWh Kapazität völlig ausreichend ist. Das Gewicht liegt bei max. 30 kg inkl. Gehäuse und Kühlung.

Zum Vergleich: Das Li-Ion Akkupaket einer Formel 1 Antriebseinheit aus dem Jahr 2018 inkl. Leistungselektronik muss zwischen 20 und 25 kg liegen. Kapazität: 4 MJ=1,1 kWh. Leistung max. 120 kW. Diese Höchstleistung kann somit ca. 33 Sekunden lang abgegeben werden [27]. Einheiten mit höherer Energiedichte (kWh/kg), die in E-Autos (BEV) eingesetzt werden, erreichen keine so hohe Leistungsdichten (kW/kg) [28].

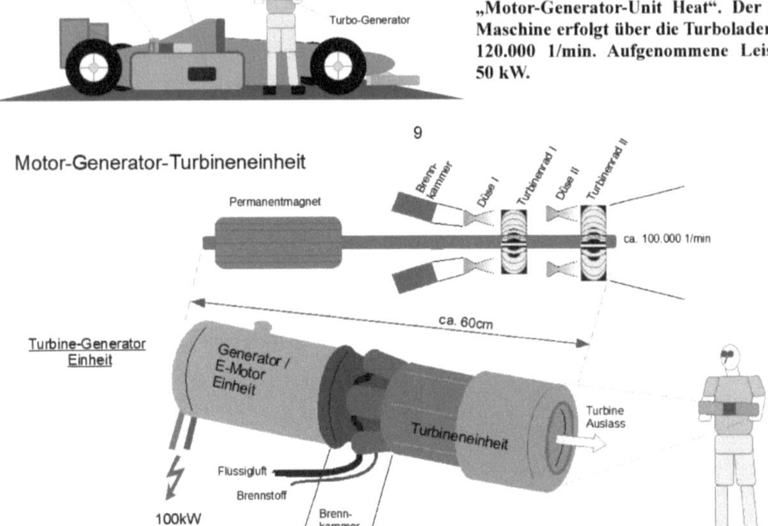


**Bild 9:**
**Referenz: MGU-H Einheit eines F1-Triebwer „Motor-Generator-Unit Heat". Der Antrieb der Maschine erfolgt über die Turboladerwelle mit bis 120.000 1/min. Aufgenommene Leistung nomin 50 kW.**

**Bild 10 – Konzept und Größenverhältnisse einer kompakten BlueXTurb Turbinen-Generatoreinheit, PKW-Größe: ca. 100-120 kW**

Eine 100-120 kW starke BlueXTurb erreicht, bedingt durch die große spezifische Nutzarbeit und der hohen Fluiddichte, eine sehr große Leistungsdichte, welche auch eine Gasturbine erheblich übertrifft. Das Gewicht wird auf weniger als 10kg geschätzt. Außenmaße und Produktionskosten sind vergleichbar mit einem Abgasturbolader heutiger PKW. Die BlueXTurb-Generatoreinheit kann in einem PKW dort platziert werden, wo sich heute der Getriebetunnel befindet. In der Fahrzeugfront kann der große vakuumisolierte Behälter für den Oxidator platziert werden. 200 Liter Flüssigluft (ca. 174 kg), kombiniert mit Brennstoff (z. B. ca. 15 Liter Benzin, 3,5 kg Wasserstoff oder ca. 10 kg Erdgas) ermöglichen in einem 1,5 t schweren PKW (Energiebedarf ca. 15 KWh/100km) bis zu 630 km Reichweite. Je nach Brennstoffart und Luftzahl variiert das Verhältnis zwischen Brennstoff und LAIR (siehe **Bild 7**). Da Schaltgetriebe und Verbrennungsmotor nicht benötigt werden, ist das Gesamtgewicht eines Fahrzeuges mit BlueXTurb-Antrieb in etwa vergleichbar mit einem Fahrzeug mit Ottoantrieb, bei ähnlicher Reichweite.

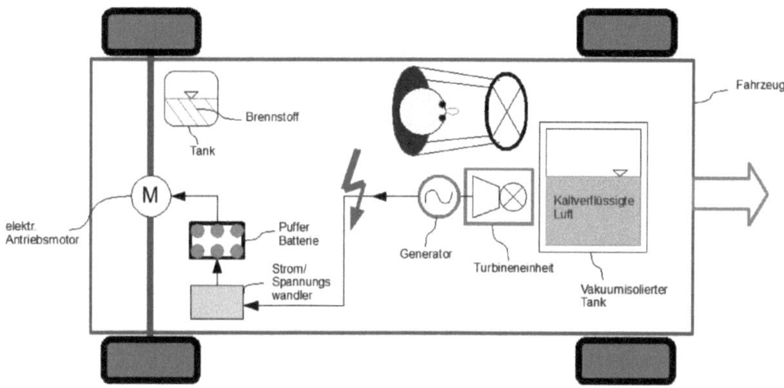


**Bild 11: Schematischer Aufbau eines Fahrzeuges mit einer BlueXTurb-Generatoreinheit**

Der hochdichte Zustand des Fluids wird durch Kälte gehalten und nicht durch Druck. Für die Erhaltung der großen Dichte ist kein dickwandiger, schwerer Druckspeicher nötig, sondern ein kälteisolierter Behälter (Synonyme: Dewarbehälter, Kryogefäß), der im weitesten Sinne wie eine Thermoskanne aufgebaut ist. Die möglichst effiziente thermische Isolierung ist essentiell, damit sich der Inhalt möglichst langsam erwärmt. Solche Behälter sind mehrfach gegen Strahlungswärme (verspiegelte Flächen), Wärmeleitung und Konvektion (kleine Berührflächen zwischen Innen- und Außenwand, evakuierte Zwischenräume) geschützt. Kryogenbehälter für Fahrzeuge waren bereits Anfang der 2000er Jahre in der Lage 120 Liter flüssigen Wasserstoff (Siedetemperatur 25 K / ca. -250 °C) bei 0-5 bar Innendruck bis zu drei Tage lang zu speichern, ohne dass Druck abgelassen werden muss [29]. Die Latenzzeit von LAIR in einem gleich stark isolierten Behälter ist noch länger, da die Siedetemperatur deutlich höher liegt (83 K / ca.-190 °C) und die Dichte des Fluids ca. zehnmal höher ist. Folglich ist Volumen und Oberfläche des entsprechenden Flüssigluftbehälters erheblich kleiner. Das sorgt für einen ungleich kleineren Wärmestrom ins innere des Behälters. Je größer der Behälter ist, umso umso weniger wirkt sich der negative Einfluss des Wärmeeintrages aus.

In einem PKW mit 1500 kg Leergewicht wird ein ungefähr 200 Liter großer Behälter als idealer Kompromiss zwischen Bauraum, Gewicht, Reichweite und Produktionskosten angesehen. Das Gewicht des Behälters liegt bei geschätzten 70-100 kg, zuzüglich 174 kg Inhalts (LAIR). Die Batterieeinheit eines vergleichbaren Batterieelektrischen Fahrzeugs mit ähnlicher Reichweite ist mehr als doppelt so schwer und die Produktionskosten liegen in etwa 20-50mal so hoch [30]. Die durchschnittliche Füllmenge eines LAIR-Tanks beträgt zwischen zwei Betankungen lediglich 50% der Tankkapazität. Dagegen ist das Gewicht eines Akkus nicht von Ladezustand abhängig. Ein Kombinierter Behälter für Flüssigwasserstoff mit einer Isolierschicht aus Flüssigluft mit einer Latenzzeit von bis zu 12 Tagen wurde in der Vergangenheit erfolgreich erprobt. Er besteht aus einem innenliegenden Behälter für Flüssigwasserstoff, mit außen- liegendem Flüssigluftbehälter [31]. Diese Technik könnte sich für den H2-BlueXTurb Antrieb etablieren.

Flüssiger Sauerstoff und Stickstoff haben verschiedene Siedetemperaturen. Daher würde sich bei kontrollierter Druckabgabe Sauerstoff im Flüssiglufttank anreichern, was zum einen zu einer Verfälschung des stöchiometrischen Verhältnisses führt, zum anderen stark brandbeschleunigend wirkt. Das blow-off Gas wäre stark Stickstoffhaltig, was insbesondere in geschlossenen Räumen, Tiefgaragen etc. gefährlich ist. Daher ist der Einsatz einer Vorrichtung, die eine Entmischung, bzw. Sauerstoffanreicherung im Behälter verhindert, im Sinne der Betriebssicherheit sehr sinnvoll. Ein passives Wärmetauschersystem kühlt das verdampfte, aber noch kalte stickstoffreiche Gas im Behälter mit Hilfe von flüssiger Luft unter den Taupunkt zurück, der Druck sinkt wieder. Dabei tritt nur verdampfte Luft mit unveränderter Zusammensetzung aus. Solche Systeme werden seit Jahren beispielsweise in Atemluftflaschen [32] eingesetzt.

Die gleichzeitige drucklose Betankung von Flüssigluft und Brennstoff kann in Minutenschnelle gleichzeitig durch einen kombinerten, kälteisolierten Anschlussschlauch geschehen, der eine Verwechslung von Betriebsstoffen ausschließt. Die größte Gefahr, die von kaltverflüssigter Luft ausgeht, ist eine Erfrierung / Kälteverbrennung bei Berührung. Das muss sicherlich durch entsprechende Vorkehrungen an der Betankungsanlage, Crashsicherheit im Fahrzeug usw. ausgeschlossen werden. Liegengebliebene Fahrzeuge, bzw. völlig entleerte Flüssigluft-tanks können unter bestimmten Schutzmaßnahmen – z. B. das Tragen von kälteisolierenden Handschuhen – von Hand betankt werden. Schwach isolierte, tragbare Kryogenbehälter aus Aluminium, mit einigen Litern Inhalt gibt es bereits heute z. B. für den Laborbereich. Solche Behälter könnten sich als kostengünstige, 'Kanister für den Notfall' etablieren.

## 6. Heizung und Klimatisierung

Die Abgase werden durch das große Druckverhältnis auf eine für Verbrennungskraftmaschinen - im Verhältnis zur hohen Verbrennungstemperatur (bis zu 2130 °C) - ungewöhnlich niedrige Turbinenaustrittstemperatur von etwa 300-650 °C abgekühlt (**Bild 4**, **Punkt 4***). Die Abgastemperatur hängt, wie bereits beschrieben, vom stöchiometrischen Verhältnis, vom Verbrennungsdruck, sowie vom Brennstoff und dessen Verbrennungstemperatur ab. Daher entstehen verglichen mit klassischen Verbrennungskraftmaschinen sehr geringe thermische Verluste. Die Restwärme im Abgas kann trotzdem noch etwa zum Aufheizen des Fahrgastraumes verwendet werden. Im Gegensatz zu E-Autos ist keine, oder nur relativ wenig elektrische Energie für eine zusätzliche Heizung nötig (z. B. elektrische Sitzheizung oder Scheibenbeheizung). Zudem entfällt die Temperierung der Traktionsbatterien, bzw. bedarf wegen der geringen Batteriemasse erheblich weniger Energieeinsatzes für die Temperierung. E-Autos müssen auch während des Ladevorganges temperiert werden und verlieren somit große Mengen Energie.

Die Außenluftzufuhr oder die Umluft im Innenraum kann zur Kühlung mit zugeführter kaltverflüssigter Luft aus dem vakuumisolierten Behälter angereichert werden. Das kann durch eine Zerstäubung oder Verdüsung der Flüssigluft geschehen. Alternativ kann durch die zielgerichtete Verdampfung in einem Verdampfungsbehälter über eine mit Flüssigluft benetzte Fläche oder eine befeuchtete Membran gekühlt werden. Alternativ oder zusätzlich zur flüssigen Zufuhr kann auch die Abdampfmenge, die im vakuumisolierten Behälter ohnehin durch Isolationsverluste entsteht, dosiert in den Fahrgastraum eingeleitet werden. Sinnvoll ist in beiden Fällen die Filterung der so entstandenen gasförmigen Luft z. B. in einem (Kohle-)Filter vor der Einleitung in den Innenraum. Ein solches System benötigt keine verlustbehafteten, schweren Hochdruck-Kompressoren, oder -Pumpen. Es ist kein schwerer, energieintensiver Klimakompressor, kein Kältemittel und kein Wärmetauscher nötig. Es entsteht durch die Klimatisierung keine Abwärme und keine zusätzliche lokale $CO_2$-Emission. Lediglich eine kleine Förderpumpe wird benötigt. Unter Umständen reicht der Überdruck des vakuumisolierten Behälters alleine aus, um die benötigte kaltverflüssigte Luft zu fördern und zu zerstäuben.

Der Kühlungsbedarf eines Mittelklassewagens im stationären Zustand beträgt im Durchschnitt ca. 200-250 W. Dadurch steigt der Flüssigluftverbrauch eines PKW durch aktive Klimatisierung mittels Flüssigluft stündlich um ca. 2,5-3 Liter an. Dem gegenüber steht die Nennleistung eines durchschnittlichen Klimakompressors von ca. 3-6 kW, die hardwareseitig für Spitzenlasten vorgehalten werden muss, die im Normalbetrieb aber erheblich weniger ausgelastet wird. Klassischerweise läuft die Klimaanlage nur dann unter Vollast, wenn ein geparktes Fahrzeug, das sich bei starker Sonneneinstrahlung extrem erhitzt hat, in kurzer Zeit auf moderate Temperaturverhältnisse abgekühlt wird.

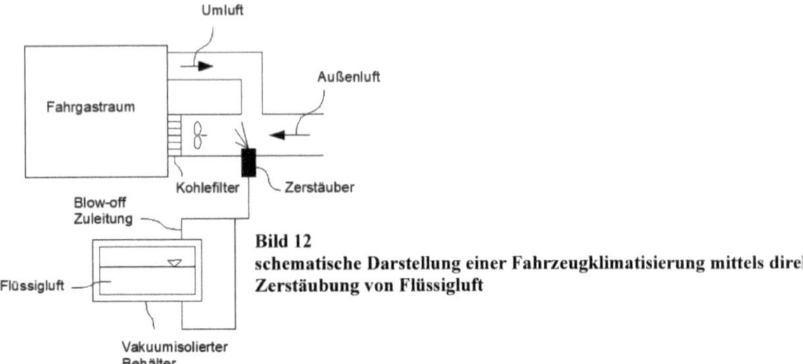


**Bild 12**
**schematische Darstellung einer Fahrzeugklimatisierung mittels dire**
**Zerstäubung von Flüssigluft**

# 7. Brennstoffeffizienz

Reaktionsgleichungen:

Benzin (Oktan): $2C_8H_{18} + 25O_2 + 94{,}05N_2 \rightarrow 18H_2O + 94{,}05N_2 + 16CO_2$

1 kg 3,505 kg 11,54 kg $\rightarrow$ 1,42 kg 11,54 kg 3,086 kg

Methan: $CH_4 + 2O_2 + 7{,}524N_2 \rightarrow 2H_2O + 7{,}524N_2 + CO_2$

1 kg 3,99 kg 13,135 kg $\rightarrow$ 2,245 kg 13,135 kg 2,742 kg

Wasserstoff: $2H_2 + O_2 + 3{,}762N_2 \rightarrow 2H_2O + 3{,}762N_2$

1 kg 7,92 kg 26,09 kg $\rightarrow$ 8,92 kg 26,09 kg

Vereinfachte Luftzusammensetzung in den Reaktionsgleichungen (Massenanteil) ohne Argon und Spurengase:

$$\text{Luft} = 23{,}3\%\ \mathbf{O_2} + 76{,}7\%\ \mathbf{N_2}$$

**Tabelle 2: Spezifischer Kraftstoffverbrauch und Wirkungsgrade im Bestpunkt – Berechnungsgrundlage für den Wirkungsgrad ist Gl. 11 ($\Pi$=500; $\lambda$=1; $\eta_{Br}$ = 0,95; $\eta_T$ = 0,8)**

| Motortyp | spez. Kraftstoffverbrauch | Wirkungsgrad |
|---|---|---|
| PKW-Ottomotor | 230 g/kWh | 38% |
| PKW-Turbodieselmotor | 200 g/kWh | 42% |
| LKW-Turbodieselmotor | 190 g/kWh | 45% |
| BlueXTurb Benzin | 122 g/kWh | 68% |
| Brennstoffzelle H2 | 60 g/kWh | 50% |
| BlueXTurb H2 | 45 g/kWh | 68% |

**Tabelle 3: Berechneter Turbinenverbrauch und Schadstoffausstoß eines ca. 1,5 t schweren PKW mit einem elektrischen Energiebedarf von ca. 15 KWh/100km – stöchiometrisches Luftverhältnis**

| Brennstoffart | Brennstoffmenge | Flüssigluftmenge | CO2-Ausstoß (lokal) |
|---|---|---|---|
| Benzin | 2,44 L/100km | 31,6 L/100km | 56 g/km |
| Methan (Erdgas) | 1,63 kg/100km | 32 L/100km | 45 g/km |
| Wasserstoff (H2) | 0,66 kg/100km | 26 L/100km | ----------- |

**Tabelle 4: Berechneter BlueXTurb-Verbrauch und Schadstoffausstoß eines voll beladenen 40 t schweren LKW mit einem elektrischen Energiebedarf von ca. 125 kWh/100km; Dieselverbrauch eines LKW heute: ca. 32-40 Liter, ca. 1 kg CO2 /km; H2-Verbrauch eines Brennstoffzellen LKW: ca. 8-10 kg [33]**

| Brennstoffart | Brennstoffmenge | Flüssigluftmenge | CO2-Ausstoß (lokal) |
|---|---|---|---|
| Benzin | 20,3 L/100km | 263 L/100km | 470 g/km |
| Methan (Erdgas) | 13,6 kg/100km | 268 L/100km | 374 g/km |
| Wasserstoff (H2) | 5,56 kg/100km | 217 L/100km | ---------- |

Für eine ganzheitliche Bewertung der BlueXTurb-Einheit als PKW-Antrieb wurden verschiedene Gesichtspunkte in einer Tabelle aufgeführt (**Tabelle 5**). Berechnungsgrundlage ist ein BlueXTurb-Wagen der Mittelklasse mit ca. 1500 kg Leergewicht und ca. 120 kW nomineller Leistung. Die Reichweite beträgt bei allen Fahrzeugen etwa 600 km. Der Verbrauch wurde nach dem WLTP-Zyklus ermittelt und um 25% erhöht, um einen realistischeren, praxisnahen Wert zu erhalten. Aus bereits genannten Gründen kann angenommen werden, dass ein BEV mit vergleichbarer Innenraumgröße und ähnlicher Nutzlast in etwa 400-600 kg schwerer ist und durch das höhere Gewicht, die etwas größere Stirnfläche, sowie dem erhöhten elektr. Energiebedarf (Batterietemperierung, el. Heizung, Klimaanlage) einen um ca. 20% höheren spezifischen Energieverbrauch aufweist. Ähnliches gilt auch für ein Brennstoffzellenfahrzeug, das um 200-300 kg schwerer ist. Da z. B. das Bremssystem, Fahrwerkskomponenten, Crashstrukturen für ein erhöhtes Batteriegewicht verstärkt werden müssen, wirkt sich ein höheres Batteriegewicht überproportional aus. Das Fahrzeug mit einem 2,0 L Dieselmotor (ca. 150 kg Motorgewicht + 90 kg Automatikgetriebe) dürfte ähnlich schwer wie ein BlueXTurb-Fahrzeug ausfallen (ca.1500 kg Leergewicht). Der angegebene Energiebedarf versteht sich inkl. den Verlusten, die in der Pufferbatterie, der Leistungselektronik, sowie den elektrischen Antriebsmotoren (feste Getriebeübersetzung inbegriffen) entstehen.

**Tabelle 5: Gegenüberstellung mehrerer Antriebsarten für ein PKW gehobener Mittelklasse mit vergleichbarem Platzangebot und Zuladung unter verschiedenen Gesichtspunkten*.**

| Antriebsart | BlueXTurb Benzin @500 bar λ=1,0 | BlueXTurb $H_2$ @500 bar λ=1,0 | E-Antrieb (BEV) | Brennstoffzelle (FCEV) 120kW | Dieselmotor 2,0 L 120kW |
|---|---|---|---|---|---|
| Verbrauch / 100km [WLTP + 25%] | 2,44 L Benzin + 31,6 L LAIR | 0,66kg $H_2$ + 25,8 L LAIR | 18kWh Strom | 1,1 kg $H_2$ | 5,5 L Diesel |
| dadurch bereitgestellte elektr. Energie vor Leistungselektronik | 15kWh / 100km | 15kWh / 100km | 18kWh / 100km | 18kWh / 100km | --- |
| $CO_2$ Ausstoß / Fahrzeug | 56 g/km | 0 g/km | 0 g/km | 0 g/km | 145 g/km |
| $CO_2$ Ausstoß / Kraftwerk 474g $CO_2$/kWh Bundesmix | 37 g/km | 149 g/km - $H_2$<br>30 g/km - LAIR | 85 g/km | 248 g/km | 0 g/km |
| $CO_2$ Ausstoß / Summe | 93 g/km | 179 g/km | 85 g/km | 248 g/km | 145 g/km |
| Kraftstoffkosten | 6,6 €/100km | 9,2 €/100km | 5,22...16,02 €/100km | 11 €/100km | 6,9 €/100km |
| Fahrzeuggewicht / Tank voll | 1500kg | 1550kg | 2000kg | 1850kg | 1500kg |
| Tankgewicht inkl. Medium für ca. 600km Reichweite | 2 kg Benzintank<br>11 kg Benzin<br>166 kg LAIR<br>90 kg Dewarbehälter | 66 kg $H_2$ Druckbehälter<br>4 kg $H_2$ Gas<br>155 kg LAIR<br>90 kg Dewarbehälter | 750 kg Traktionsbatterie | 110 kg $H_2$ Druckbeh.<br>6,6 kg $H_2$ Gas | 4,5 kg Dieseltank<br>24,75 kg Diesel |
| Herstellkosten f. Maschine d. Energieerzeugung | 500€ f. BlueXTurb | 500€ f. BlueXTurb | --- | 7500€ f. Brennstoffzelle | 2000€ Grundmotor mit Aggregaten |
| Herstellkosten für 100km Reichweite Druckbeh. / Akkus | 250€ für 1kWh Pufferbatterie | 3300€ für Druckbehälter Typ IV / 700bar | 13750€ f. Traktionsbatterie | 5500€ f. Druckbeh. Typ IV<br>250€ f. Pufferbatt. | --- |
| Chancen / Probleme | Turbine ist sehr klein, kostengünstig, schnelle Betankung möglich<br>Turbine muss noch entwickelt werden | Kein $CO^2$-Ausstoß bei der Verbrennung<br>$H^2$ Druckbehälter ist teuer | lokal emissionsfrei<br>Energiebedarf f. die Herstellung, Recycling<br>Ladezeiten,Ladestationen<br>Ladeverluste | kompl. Brennstoffzellensystem ist sehr teuer und relativ ineffizient<br>30-40g Platin nötig | geforderter Abgas- und $CO^2$ Ausstoß techn. nicht lösbar thermodyn. Grenzen |
| Zusätzlicher Aufwand Infrastruktur | Tankstellennetz mit LAIR | Tankstellennetz mit H2 + LAIR | Ausbau Ladestationen<br>Ausbau Energienetz | Tankstellennetz mit H2 | --- |

*** Strom- und Kraftstoffpreise:**

Stromerzeugung im Bundesmix 2018 – 474 g $CO^2$/kWh – Umweltbundesamt [34]; Ladeverluste unberücksichtigt

E-Auto Strompreis an Schnelladestationen AutoBild, Juni 2019 „Öffentlicher Ladestrom teurer als Benzin" [35]

Kraftstoffpreis im Bundesschnitt, Stand Februar 2020: 1,25 €/L Diesel, 1,40 €/L Super

H2-Preis im Bundesschnitt an Tankstellen, Stand Februar 2020: 10 €/kg

Geschätzter Preis für Flüssigluft an der Tankstelle inkl. Steuer: 0,10 €/L

Kraftstoff-Transportkosten, Ladeverluste, Abdampfverluste, Selbstentladung wurden nicht berücksichtigt

Durch den niedrigen spezifischen Energiebedarf der BluexTurb könnte sich neben Benzin, Dieselkraftstoff, oder künstlich erzeugten E-Fuels die Verbrennung von Erdgas oder Wasserstoff durchsetzen. Möglich wäre auch eine biologisch erzeugte Mischung aus Wasserstoff und Methan (Hythan), das zwar eine geringeren volumetrischen Heizwert hat, aber eine höhere Dichte als reiner Wasserstoff. Hythan besteht typischerweise aus 8-32 Vol.-% Wasserstoff.

Wasserstoff kann als Gas unter hochdruck gespeichert werden was einen hohen Energiebedarf für die Druckbeaufschlagung mit sich bringt. Für typischerweise 700bar Systemdruck sind schwere CFK Druckbehälter nötig. Alternativ kann Wasserstoff chemisch in einem organischen Trägermaterial (LOHC) drucklos gespeichert werden [36], oder in kaltverflüssigter Form (-253 °C).

Bisher haben sich Brennstoffzellenfahrzeuge hauptsächlich wegen den hohen Herstellkosten nicht durchgesetzt. An den Herstellkosten hat der Drucktank, bzw. der Platinbedarf der Brennstoffzelle einen großen Anteil. Der spezifische Wasserstoffverbrauch (g/kWh) einer H2-BlueXTurb sinkt verglichen mit der Brennstoffzelle um ca. 25%. In allen Fällen wäre für dieselbe Reichweite ein deutlich kleinerer Druckbehälter, bzw. Dewarbehälter nötig, als in einem Fahrzeug mit Brennstoffzelle. Das senkt nicht nur die Produktionskosten, sondern kommt auch dem Gesamtfahrzeuggewicht zugute und senkt somit wiederum den Verbrauch.

Gerade als LKW-Antrieb eignet sich die BlueXTurb bestens, da die Nutzlast in etwa erhalten bleibt, sowie eine Schnelle Betankung ohne besondere Ladeinfrastruktur und ohne weiteren Netzausbau möglich ist. Der überproportional hohe Anschaffungspreis für eine Traktionsbatterie entfällt. Mit einem 2000 Liter fassenden Dewarbehälter für LAIR beträgt die Reichweite mit Benzin-BlueXturb etwa 750 km. Das ist zwar erheblich weniger als die Reichweite eines LKW mit Dieselantrieb, dafür halbiert sich der lokale CO2-Ausstoß in etwa und eine schnelle Betankung ist stromnetzunabhängig möglich. Daneben bietet sich der Antrieb mit Methangas an (ca. 65% weniger CO2-Ausstoß, als ein Dieselantrieb), in Kombination mit ähnlicher LAIR-Reichweite (750 km). CO2 freien Betrieb ermöglicht der H2-BlueXTurb Antrieb. Für 750 km Reichweite sind insgesamt ein 1200 L großer Wasserstoffdruckbehälter in Kombination mit einem oder mehreren, insgesamt 1630 L fassenden Dewarbehälter für LAIR nötig. Der Wasserstoffverbrauch reduziert sich um ca. 25-30% gegenüber einem Brennstoffzellenantrieb (**Tabelle 4**).

Der BlueXTurb Antrieb eignet sich daneben auch für (Stadt-)Busse, Eisenbahnlokomotiven auf Trassen wo (noch) keine elektrische Oberleitung vorhanden ist, oder als Schiffsantrieb.

## 8. Energiewirtschaft / Infrastruktur

In Zukunft wird die Rationierung von Ladestrom unumgänglich sein [37], falls sich der Großteil der Fahrzeuge auf das elektrische Stromnetz als Energiequelle verlässt und dieses nicht weiter ausgebaut wird. Daher soll künftig elektrische Energie bei Überkapazitäten im Kraftwerk in Form von kaltverflüssigter Luft in großen drucklosen Tanks gespeichert und zur Rückverstromung vorgehalten werden [38], wobei sehr große Tanks bis zu 150 Tage ohne Blow-off auskommen können. Die Verwendung von kaltverflüssigter Luft als Fahrzeugtreibstoff ist heute nicht vorgesehen, wäre allerdings ökologisch betrachtet sinnvoll. Bei der Verflüssigung entstehen weit geringere Verluste, als durch die Verdichtungsarbeit in einem Verbrennungsmotor, oder in einer Gasturbine. Die Verflüssigung geschieht z. B. im Claude-Verfahren in einer stationären Luftverflüssigungsanlage. Der Rohstoff Luft steht auf der Erde überall kostenlos zur Verfügung, ist nicht giftig, nicht umweltschädlich und kann kostengünstig in vakuumisolierten Behältern ähnlich wie Flüssigerdgas bei -190 °C gelagert und transportiert werden. Eine Lagerung ist ohne geografische Einschränkungen möglich, der Transport z. B. in großen See-Tankern, oder auf der Schiene in Tankwaggons möglich. Ein weiterer Ausbau des elektrischen Stromnetzes wäre dafür nicht in der Tragweite nötig, wie es die netzabhängige Elektromobilität erfordert.

In einem Kraftwerk kann erneuerbarer elektrischer Strom vorwiegend nachts in der Billigstromphase für die Verflüssigung genutzt werden, oder wenn ohnehin eine Überproduktion besteht. Die so entstandene Druckenergie wird im Oxidator (vorzugsweise in kaltverflüssigter Luft) gespeichert, die bei der Verbrennung in der Brennkammer der BlueXTurb zum Großteil wieder frei gesetzt wird. Je stärker die Erwärmung dabei ist, umso mehr Energie wird frei gesetzt. Sinnvollerweise muss die Energiemenge des Brennstoffes und des Oxidators, die bei der Verbrennung frei wird, zusammen betrachtet werden.

$$W = p \times V \qquad \text{Gl. 13}$$

**Tabelle 6: Bewertung der Energiedichte des Energieträgers inklusive Behälter, d. h. z. B. Benzin + Benzintank + LAIR + Dewarbehälter; Die Nutzenergie ergibt sich aus dem Wirkungsgrad im Bestpunkt aus Tabelle 2**

| Antriebsart | BlueXTurb Benzin | BlueXTurb H2 | E-Antrieb (BEV) | Brennstoffzelle H2 (FCEV) | Dieselmotor |
|---|---|---|---|---|---|
| Brutto Energieinhalt inkl. vollen Tanks und Druckbehältern @700bar | 0,49 kWh/kg | 0,42 kWh/kg | 0,15 kWh/kg | 1,85 kWh/kg | 1,84 kWh/kg |
| davon im Bestpunkt nutzbar | 0,33 kWh/kg | 0,29 kWh/kg | 0,14 kWh/kg | 0,93 kWh/kg | 0,78 kWh/kg |

## 9.

## 10. Schlussfolgerung

Energieüberschüsse aus erneuerbaren Energiequellen (Solar-, Wind-, Wasserkraft) könnten in Flüssigluft gespeichert werden. Versuchsanlagen zur Energiespeicherung mittels Flüssigluft werden derzeit in einigen Ländern erprobt. Die so zwischengespeicherte Energie kann auch im Verkehrssektor sinnvoll genutzt werden.

Luft als Rohstoff steht an jedem Ort der Erde kostenlos zur Verfügung und kann ähnlich wie Flüssigerdgas gelagert und transportiert werden. Die Herstellung kann z. B. in sonnigen Ländern mit Hilfe von Solarstrom geschehen, oder in Küstennähe mit Windkraft. Die Herstellung von 1 Liter Flüssigluft kostet heute ca. 1,6 Cent bei 247 Wh Energieaufwand (Heylandt-Verfahren).

Eine BlueXTurb Antriebseinheit weist wesentlich weniger Masse auf und ist günstiger herstellbar als ein Diesel oder Benzinmotor. Die Herstellung der Turbineneinheit und des vakuumisolierten Behälters für die Flüssigluft benötigt daher sehr wenig Energie und Ressourcen. Umweltschädliche seltene Erden, Lithium, Kobalt, Coltan etc. werden in einer viel geringeren Mengen benötigt als in einem E-Auto. Eine kleine Pufferbatterie, oder Kondensator, muss die Turbine nur einige Sekunden lang unterstützen können, bzw. dient als Speicher für Bremsenergie. Eine Alterung, oder Selbstentladung der Pufferbatterie hat hier geringere negative Auswirkungen. Zudem entstehen erheblich geringere Umweltschäden bei der Entsorgung, bzw. beim Recycling.

Durch den großen Wirkungsgrad, welcher auch eine Brennstoffzelle übertrifft, ist ein CO2 freier Antrieb mit Wasserstoff - ohne den Einsatz von teuren Platinkatalysatoren und mit deutlich kleineren H2-Drucktanks als in einer mobilen Brennstoffzelle - endlich erschwinglich und technisch lösbar. Am meisten profitieren könnte die LKW-Sparte, die unter Zugzwang steht die CO2 Emissionen unter möglichst geringen Nutzlasteinbußen zu senken.

Es entstehen keine stundenlangen Ladezeiten und es besteht keine Abhängigkeit vom Stromnetz. Die Betankung ist über einen kälteisolierten Schlauch in Minutenschnelle möglich. Jede heute bestehende Tankstelle lässt sich mit einem vakuumisolierten Tank für kaltverflüssigte Luft - auch unterirdisch - nachrüsten. Die Betankung von Kraftstoff und Flüssigluft kann über einen kombinierten (Sicherheits-)Tankstutzen gleichzeitig geschehen.

Raumklimatisierung, -Kühlung erfolgt mithilfe der mitgeführten Flüssigluft, die unmittelbar der Luftzufuhr zerstäubt zugeführt wird. Der Luftverbrauch steigt dadurch etwas an. Teure, ineffektive Klimakompressoren, Wärmetauscher und umweltschädliches Kältemittel sind nicht nötig. Es entsteht keine Abwärme und kein lokaler CO2-Ausstoß durch die Nutzung der Klimaanlage. Fahrzeugklimatisierung ist auch im Stand, ohne laufenden Antrieb möglich. Die Restwärme aus dem ca. 300-650 °C warmen Abgas kann zum Heizen genutzt werden.

Da sich das Antriebssystem größtenteils aus bereits bekannten und beherrschten Techniken zusammensetzt, sind die technischen Risiken als verhältnismäßig gering zu bewerten. Die Technologie könnte in einem Unternehmen mit dem entsprechenden Background – auch in Anbetracht der technischen Herausforderungen – in einem Jahr zu einer Vorserienreife entwickelt werden. Die größte Schwierigkeit stellt sicherlich die hohe Turbineneintrittstemperatur für die erste Turbinenstufe dar. Die Temperatursenkung durch innere Kühlung, also durch Oxidatorüberschuss oder Wassereinspritzung stellt einen aussichtsreichen Ansatz für die Realisierung mit heute schon verfügbaren Materialien dar, verschlechtert allerdings den Wirkungsgrad um einige Prozentpunkte. Eine nähere Bewertung der möglichen Szenarien ist nur durch Berechnung, Simulation und Erstellung von detaillierteren Konzeptmodellen möglich.

## Quellenangaben:

[01] Christian Frahm, Strengere CO2-Grenzwerte: Jetzt gibt es kein Zurück mehr. Spiegel Online. 18. Dezember 2018 (www.spiegel.de, aufgerufen am 11. Januar 2019)

[02] Frank Wiebe, Jakob Blume, Anleger hoffen auf Platin – dank der Brennstoffzelle, (www.handelsblatt.com, abgerufen am 22. November 2019)

[03] Brian Edgecombe, Next Generation Hydrogen Storage Vessels Enabled by Carbon Fiber Infusion with a Low Viscosity, High Toughness Resin System, Materia, Inc. June 10, 2015 DOE AMR, Project ID: ST114

[04] Scott McWhorther, Grace Ordaz, Onboard Type IV Compressed Hydrogen Storage Systems: Current Performance and Cost, DOE Fuel Cell Technologies Office Record, June 11, 2013, US Department of Energy

[05] Sven Geitmann, Wasserstoff und Brennstoffzellen: Die Technik von morgen. Hydrogeit Verlag, Kremmen 2004, ISBN 3-937863-04-4

[06] Sven Geitmann, Wasserstoffautos: Was uns in Zukunft bewegt. Hydrogeit Verlag, Kremmen Mai 2006, ISBN 978-3-937863-30-6

[07] Dirk Asendorpf, Emissionsfreie E-Autos gibt es gar nicht. Zeit Online. 4. November 2017 (zeit.de, abgerufen am 16.10.2019)

[08] Electric vehicles from life cycle and circular economy perspectives, TERM 2018: Transport and Environment Reporting Mechanism (TERM) report, European Environment Agency, ISSN 1977-8449

[09] Kaiser, S., Donnerhack, S., Lundbladh, A., Seitz, A., "A Composite Cycle Engine Concept with Hecto-Pressure Ratio," 51st AIAA/SAE/ASEE Joint Propulsion Conference, Orlando, FL, 2015

[10] Richard van Basshuysen, Fred Schäfer: Handbuch Verbrennungsmotor, Kap. 3. Friedrich Vieweg & Sohn Verlag/GWV Fachverlage GmbH, Wiesbaden 2005, ISBN 3-528-23933-6

[11] Helmut Tschöke, Hanns-Erhard Heinze, Einige unkonventionellen Betrachtungen zum Kraftstoffverbrauch von PKW, Magdeburger Wissenschaftsjournal 1-2/2001

[12] Klaus D. Timmerhaus, Thomas M. Flynn: Cryogenic Process Engineering. Springer Science+Business Media, LLC, New York 1989, ISBN 978-1-4684-8758-9

[13] Sarah Hamdy, Francisco Moser, Tatiana Morosuk, George Tsatsaronis, Exergy-Based and Economic Evaluation of Liquefaction Processes for Cryogenics Energy Storage, Creative Commons Attribution (CC BY)

[14] Bernd Ameel, Christophe T'Joen, Kathleen De Kerpel, P. De Jaeger, Thermodynamic analysis of energy storage with a liquid air Rankine cycle, Applied Thermal Engineering, April 2013

[15] G. Paniaguan, M.C. Iorio, N. Vinha, J. Sousa: Design and analysis of pioneering high supersonic axial turbines. International Journal of Mechanical Sciences, von Karman Institute for Fluid Dynamics Chaussée de Waterloo 72, 1640 Rhode-Saint-Genèse, Belgium

[16] Dipl.-Ing. Ole W. Willers, Dipl.-Ing. Harald Kunte, Prof. Dr.-Ing. Jörg Seume, ORC-Turbinen-Generatoreinheit für Lkw- Anwendungen, ATZ - Automobiltechnische Zeitschrift 10/2017

[17] Verneau, A, 1987, Supersonic Turbines for Organic Fluid Rankine Cycles from 3 to 1300 kW, Verdonk, G., and Dufournet, T., Development of a Supersonic Steam Turbine with a Single Stage Pressure Ratio of 200 for Generator and Mechanical Drive, von Karman Institute Lecture Series on "Small High Pressure Ratio Turbines", June.

[18] Weiß Andreas P., Hauer Josef, Popp Tobias, Preissinger Markus, Experimental Investigation of a Supersonic Micro Turbine Running With Hexamethyldisiloxane, 36th Meeting of Departments of Fluid Mechanics and Thermodynamics / 16th conference on Power System Engineering, Thermodynamics & Fluid Flow - PSE 2017, June 13 - 15, 2017, Pilsen, Czech Republic (www.oth-aw.de, abgerufen am 26.11.2019)

[19] L. Shao, J. Zhu, X. Meng, X. Wei, X. Ma, Experimental study of an organic Rankine cycle system with radial inflow turbine and R123, Applied Thermal Engineering. 124 (2017) 940–947. doi:10.1016/j.applthermaleng.2017.06.042.

[20] Yukihiro Shinohara, Katsuhiko Takeuchi, Dr. Olaf Erik Herrmann, Dr. Hermann Josef Laumen Common-Rail-Einspritzsystem mit 3000bar, Motortechnische Zeitschrift 01/2011

[21] George P. Sutton, Oscar Biblarz, Rocket Propulsion Elements, 7th-ed., Chapter 9 'Combustion of Liquid Propellants', A Wiley-Interscience publication 2001, ISBN 0-471-32642-9

[22] Fei Xing, Arvind Kumar, Yue Huang, Shining Chan, Can Ruan, Sai Gu, Xiaolei Fan, Flameless combustion with liquid fuel: A review focusing on fundamentals and gas turbine application, Applied Energy 193 (2017) 28–51

[23] Marco Piumetti, Samir Bensaid, Debora Fino & Nunzio Russo (2015) Catalysis in Diesel engine NOx aftertreatment: a review, Catalysis, Structure & Reactivity, 1:4, 155-173, DOI: 10.1080/2055074X.2015.1105615

[24] Diletta Sciti, Laura Silvestroni, Frédéric Monteverde, Antonio Vinci & LucaZoli, Introduction to H2020 project C3HARME: nextgeneration ceramic composites for combustion-harsh environment and space, 117:sup1, s70-s75, DOI:10.1080/17436753.2018.1509822

[25] Michael C. Halbig, and Mrityunjay Singh, Additive Manufacturing of SiC-Based Ceramics and Ceramic Matrix Composites, NASA Glenn Research Center, Cleveland, OH, Ohio Aerospace Institute, Cleveland, OH

[26] https://www.sycotec.eu/produkte/industrielle-antriebstechnik/motorkomponenten/turbogeneratoren/, abgerufen am 22.01.2020

[27] https://www.formula1.com/en/championship/inside-f1/rules-regs/2018-season-changes.html, abgerufen am 04.12.2019

[28] https://www.racecar-engineering.com/tech-explained/how-to-design-a-motorsport-battery-in-7-steps/, abgerufen am 04.12.2019

[29] Sven Geitmann, Wasserstoffautos: Was uns in Zukunft bewegt. Kap. 5.2 Kryogen-Behälter, Hydrogeit Verlag, Kremmen Mai 2006, ISBN 978-3-937863-30-6

[30] Cost and Price Metrics for Automotive Lithium-Ion Batteries. In: www.*energy.gov*. Februar 2017, abgerufen am 1. August 2017

[31] Sven Geitmann, Wasserstoff und Brennstoffzellen: Die Technik von morgen. Kap. 5.2 Kryogen-Behälter, Hydrogeit Verlag, Kremmen 2004, ISBN 3-937863-04-4

[32] https://www.stirlingcryogenics.eu/files/__documents/1/StirLAIR-4TechnicalSpecification.pdf, abgerufen am 09.12.2019

[33] Gnann, T.; Wietschel, M.; Kühn, A.; Thielmann, A.; Sauer, A; Plötz, P.; Moll, C.; Stütz, S.; Schellert, M.; Rüdiger, D.; Waßmuth, V.; Paufler-Mann, D.: „Brennstoffzellen-Lkw: kritische Entwicklungshemmnisse, Forschungsbedarf und Marktpotential", Studie im Rahmen der wissenschaftlichen Beratung des BMVI zur Mobilitäts- und Kraftstoffstrategie der Bundesregierung, Fraunhofer ISI, Karlsruhe, Fraunhofer IML, Dortmund, PTV Transport Consult GmbH, Karlsruhe, 2017, www.bmwi.de, aufgerufen am 11.02.2020

[34] https://www.umweltbundesamt.de/themen/co2-emissionen-pro-kilowattstunde-strom-sinken, abgerufen am 11.02.2020

[35] https://www.autobild.de/artikel/auto-bild-exklusiv-strom-teurer-als-benzin-11360715.html, abgerufen am 11.02.2020

[36] https://www.ingenieur.de/technik/forschung/heisst-die-loesung-fuer-das-treibstoffproblem-lohc/, abgerufen am 11.02.2020

[37] https://www.epochtimes.de/politik/deutschland/ab-2021-sie-laden-ab-sofort-mit-reduzierter-stromstaerke-strom- rationierung-fuer-private-e-autos-a3078343.html, abgerufen am 11.02.2020

[38] Adriano Sciacovellia, Daniel Smitha, Helena Navarroa , Yongliang Lia, Yulong Ding, Liquid air energy storage – Operation and performance of the first pilot plant in the world, Birmingham Centre for Energy Storage, School of Chemical Engineering, University of Birmingham, UK June 2016

# BEI GRIN MACHT SICH IHR WISSEN BEZAHLT

- Wir veröffentlichen Ihre Hausarbeit, Bachelor- und Masterarbeit

- Ihr eigenes eBook und Buch - weltweit in allen wichtigen Shops

- Verdienen Sie an jedem Verkauf

**Jetzt bei www.GRIN.com hochladen und kostenlos publizieren**